看！光的神奇魔法

-探秘自然界的光学奇观-

[英]凯蒂·弗林特 文

[加]科妮莉亚·李 图

丁将 译

乐乐趣

甘肃少年儿童出版社

流星雨像是流星从夜空中的一个点迸发然后坠落下来的，这个点叫作流星雨的"辐射点"。流星雨一般是以它的辐射点所在的星座命名的。例如，英仙座流星雨就是因其辐射点处在英仙座而得名。

如果想看流星雨，午夜一过，我们就轻装出发。远离喧嚣的城市、灯火通明的街道、高大的建筑，让我们在漆黑又空旷的山上，向流星雨许个愿吧！

流星雨

上演地点：法国，梅康图尔国家公园

你知道在哪里可以观赏大自然的光影表演吗？每年的许多个月里，站在一些空旷的地方仰望天空时，你很有可能会看到流星雨。流星坠落时留下痕迹——一条条"发光"的尾巴。它们其实不是会发光的星星，而是来自星际空间的细小物体和尘粒。流星坠落的速度极快，快到能"点燃"周围的空气。在与大气摩擦，不断升温、燃烧的过程中，它们闪耀着灿烂夺目的光芒，留下一道道光迹。快看，不远处一颗颗流星正快速落向地平线，那不就是我们期待的流星雨吗？

流星雨是怎么出现的？

大气层

流星燃烧产生的光迹

地球

流星

天上的流星大小各不相同。大流星的质量有巨石那么大，小流星的质量只有尘埃那么小，而大多数流星的质量还没有一粒沙子大，所以它们在到达地球之前就燃尽了。

想想看，这些来自星际空间的细小物体和尘粒，努力穿过厚厚的大气层，以一场"光之雨"与我们相遇，这是多么美妙而又不可思议啊！

过去，人们也会经历日食，但由于不明白它背后的科学原理，便认为太阳是被某种超自然力量给"抓"走了，所以人们感到非常害怕却又无能为力。

太阳比月球大得多，它的直径约是月球直径的400倍。但为什么我们平日里看到的太阳和月球好像差不多大？那是因为太阳与地球的距离约是月球与地球距离的400倍。由于离得远，太阳就被我们"小看"了。

日食

上演地点：美国，爱达荷州，太阳谷

　　如果白昼突然陷入一片黑暗，太阳好像消失不见，别害怕，你很可能正在经历日食。当月球运行到太阳和地球之间，太阳光被月球挡住，不能射到地球时，日食就产生了。随着地球不断自转，不同的地方会被罩在月球的阴影下。这个会移动的阴影区域被称为"全食带"。这个区域里的人们能看到日全食，也就是太阳被月球完全遮住的样子。而不在这个区域的人们，可能会看到日偏食，即太阳被月球遮住了一部分的景象，或者什么样的日食都看不到。

日食是怎么出现的？

太阳

月球 →

日偏食

日偏食

日全食

地球

不光是我们人类能感受到日食现象，一些动物和植物也对日食有所反应。比如，日食期间，鸟儿会停止鸣叫，蜜蜂会停止采蜜，花朵会收起花瓣，等等。

即使你戴着墨镜，长时间直视太阳也会对视力造成永久性伤害。观看日食的安全方法有下面几种：佩戴专门的日食眼镜，隔着镜片看日食；看太阳透过纸板上的针孔、双手十指交叉后大拇指和食指间的孔或树林的缝隙投在地上的影子，间接看日食；等等。

双彩虹

上演地点：英国，湖区

　　如果在雨后放晴时出门走走，你可能会很幸运地看到彩虹。天空挂着一条弧形彩带，它由外到内有红、橙、黄、绿、蓝、靛、紫7种颜色。这条彩虹也叫作"虹"。而如果幸运的你在这条"虹"的外层又看到了一条彩虹，它的颜色顺序正好和里层的相反，那么恭喜你，你看到的是双彩虹。外层的这条彩虹也就是我们常说的"霓（ní）虹"的"霓"。彩虹多出现在雨后刚放晴时，所以你要把握时机，仔细找找看天空上有没有霓和虹。

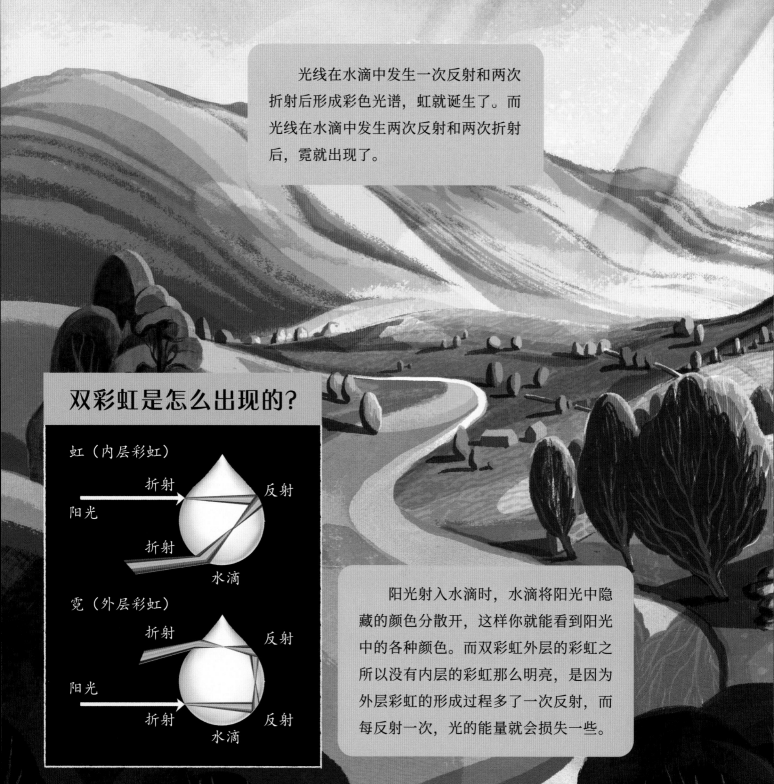

　　光线在水滴中发生一次反射和两次折射后形成彩色光谱，虹就诞生了。而光线在水滴中发生两次反射和两次折射后，霓就出现了。

双彩虹是怎么出现的？

虹（内层彩虹）

折射　　　　反射
阳光
折射
水滴

霓（外层彩虹）

折射　　　　反射
阳光
折射　　　　反射
水滴

　　阳光射入水滴时，水滴将阳光中隐藏的颜色分散开，这样你就能看到阳光中的各种颜色。而双彩虹外层的彩虹之所以没有内层的彩虹那么明亮，是因为外层彩虹的形成过程多了一次反射，而每反射一次，光的能量就会损失一些。

美丽的彩虹，其实是一种大气光学现象，它虽然看得见，但却摸不着。

雨后的天空、溅起水花的瀑布旁，你都可能找到彩虹的身影。当空气中充满水滴，且阳光以低角度照射水滴时，我们就能看到彩虹。

即使没有下雨，你也可以创造属于自己的彩虹。选一个阳光明媚的下午，你可以背对太阳朝着空中喷洒水雾。快看啊，彩虹出现了！

火山闪电

上演地点：智利，卡尔布科火山

　　有时，大自然美得让你想靠近，却又充满危险。火山闪电就是这样一种让你又爱又怕的自然现象，它还有个绰号叫"脏雷暴"。浓黑、呛人的火山灰夹杂着岩浆、碎石等物质从火山口喷涌而出，天空一下子就布满厚重的、巨大的火山灰云。火山灰云在那里不断地摩擦、碰撞，产生电荷。当正电荷和负电荷积累到一定程度时会引发闪电。闪电在天空不断怒吼，竭力撕扯开火山灰云，释放出惊人的能量。快看，巨大的火焰点亮了浓云密布的天空，火山闪电发威了！

　　沉睡多年，这座火山终于按捺不住了。它喷涌出的滚烫的岩浆和浓密的火山灰极具破坏力，吓得人们不得不撤离到安全的地方，飞机也被迫取消了航班。

火山闪电是怎么出现的？

火山灰云充满了带电粒子

闪电

岩浆

熔岩及火山灰层

岩浆房

火山闪电是个难对付的家伙，科学家们想研究它简直困难重重：火山口的温度极高，人类通常难以靠近；多数火山所在的地方位置偏僻，路途遥远；浓密的火山灰云会遮挡闪电，阻碍科学家们观察和记录火山闪电。

极光的英文名字很动听，叫作"Aurora"（奥萝拉）。奥萝拉是掌管曙光的女神，她象征希望和期盼，而极光则是大自然赐给人类最美好的祝福。

历史上，看到过极光的人往往感到十分困惑：极光从何而来？住在北欧的维京人猜测极光是女武神盔甲上闪耀的光，它鼓舞维京人像女武神一样不畏险阻、努力前行。

极 光

上演地点：挪威，斯瓦巴特群岛

　　说到大自然中最奇幻的光影秀，莫过于在南北极出现的极光了。许多极光的爱好者和追寻者跋山涉水，克服恶劣的气候环境，只为一睹天空中悠悠舞动的光的精灵——南极光和北极光。在南极圈和北极圈里，你能欣赏到最绚丽的极光。在这两个区域之外，极光的效果会逊色一些。也许你曾在书中读到过探寻极光的故事，但只有亲眼见过极光，你才能感受到它的震撼。

带电粒子和气体中不同的元素"相遇"，会产生不同颜色的极光。当带电粒子碰到氧原子时，你会看到绿色的极光；而当带电粒子碰到氮分子时，你会看到蓝色的极光。除此之外，还有红色的极光、紫色的极光等。

极光是一种绚丽的大气光学现象。当太阳风进入地球磁场，扰动被困在磁场中的带电粒子高速运动、撞击高空大气时，大气就会散发出奇幻的光芒。

地球上随时可能上演精彩绝伦的极光秀，但由于天气条件不合适、能见度太低等因素，我们并不是总能观赏到。

极光是怎么出现的？

太阳风

沉降到南北极地区的带电粒子

地球

超级血月

上演地点：希腊，雅典

　　如果在月食期间，天空出现了一轮巨大的血红色月亮，不要害怕，这轮巨大的血红色月亮叫"超级血月"。它只是看上去有点吓人，但这本身没什么可怕的。月球、地球和太阳在不停地运转，发生月食时，月球运转到了地球的阴影区，由于地球的阻挡，月球收不到来自太阳的光芒。月偏食是月球被地球部分遮挡，而月全食是月球被地球完全遮挡，太阳、月球和地球的位置基本呈一条直线。超级血月只能在月全食时看到，但它发生的频率并不低。即使你因为所在的地区、天气等原因无法亲眼看到它，也可以通过电视、网络等观看有关"超级血月"的视频。

　　平时我们从地球上看到的月球是银灰色的，但其实它本身不发光，只是反射了太阳的光。事实上，月球表面的颜色就像是炭灰色，或者是沥青灰色。

超级血月是怎么出现的？

月球运行轨道

太阳

地球

月全食

超级血月看起来又大又震撼，其实是由于月球运行到"近地点"附近造成的。发生超级血月时，月球离地球的距离最近，此时的月球看上去比平时的约大14%呢！

由于太阳光在穿过地球大气层时会发生折射，大气层把紫、蓝、绿、黄等光都吸收了，只有波长最长的红光能够透过大气层折射到月球上，所以此时的月球呈现红色。

无论此时发生的是月全食还是月偏食，你都可以放心地直视月亮。同一时刻，地球总有一半背对着太阳，在这个处于夜晚的半球上，只要不是阴天，你都能看见月食，它会陪伴你一个多小时。

火瀑布

上演地点：美国，加利福尼亚州，约塞米蒂国家公园

　　二月的一个晴天傍晚，你可能会在美国约塞米蒂国家公园内看到壮丽的奇观：马尾瀑布被落日的余晖照亮，映衬着白雪覆盖下的森林，犹如炽热的橙红色熔岩倾泻而下。人们将这一奇观称为"火瀑布"。想要观赏火瀑布，需要你和景的完美配合：天空要足够晴朗，日落光照要足够强，融化的雪水要为瀑布提供充足的水源；时机要刚刚好，落日的光芒要以特定的角度正好照亮瀑布，让瀑布成为酋长岩绝对的主角；你要集中注意力，在最佳观景区做好准备，因为火瀑布随时可能到来，而它持续的时间只有10分钟。由于火瀑布非常"挑剔"，所以它点燃了每一个想要一睹其奇景的游客的热情。

观赏区地图指南

马尾瀑布

最佳观景区和用餐区

尽管日落时火瀑布看起来热得发烫，但实际上它却非常冰冷。火瀑布的水是由雪融化后汇合而来的，从酋长岩飞泻而下。

你光有火热的心是不够的。太阳落山后，气温会下降，你等待火瀑布时最好穿暖和些，再备上厚毯子。

火瀑布的东岸是最理想的观景区，这里还有用餐的地方，看景、吃饭两不误。

冰晶一般会待在高空的云层中，但当它遇到寒冷的空气时，就会下沉到较低的位置。在这个过程中，冰晶不断摆动，当光线的传播发生弯折，就会出现"冰晶雾"或者"钻石尘"的现象。这时，微小的冰晶从空中徐徐落下，闪烁着钻石般的光芒，像降下钻石雨一般。冰晶不再那么遥不可及，你伸手就能感觉到它的存在。

光柱是怎么出现的？

片状的冰晶

光柱

观察者

光源

透过冰晶，你能看到一道光柱

光柱出现的前提条件是要有冰晶。冰晶的形成需要温度降到零度以下。

你知道吗，月光、日光还有人造光源都能形成光柱，它既是自然现象，也可以被人为制造。当你遇见光柱时，不妨留心找找看它的光源是什么。

虽然光柱看上去美得不可思议，但我们也要意识到它的隐患：人造光源被过度使用，明亮的光源盖过了夜空的星辰，刺眼的灯光让我们感到局促不安，灯火通明的窗外让人难以入睡。

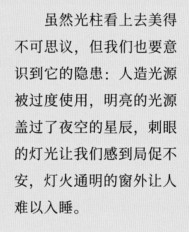

光柱

上演地点：加拿大，安大略省

天空中出现了一道道"外星光束"，此时的你不要惊慌，它们可不是UFO或是"入侵者"，而是"光柱"这种光学现象。光柱的产生实际上是空气中冰晶对光的反射使你产生了视错觉。这些冰晶往往出现在你和光源之间，在下沉时由于空气阻力，它们逐渐与地面平行，不断将光反射到你的眼睛里，让你看到夜空中高高的光柱。在寒冷的冬夜，你会更容易看到光柱。

幻日是一种特殊的日晕形式，只有在太阳接近地平线时才可以看见。（日晕：日光通过云层中的冰晶时，经折射而成的光的现象。）

虽然幻日很美，但不要轻易尝试和它对视，长时间盯着日光会损害你的眼睛。你可以找一找幻日的图片，这样就能安全地欣赏它的美。

幻日是怎么出现的？

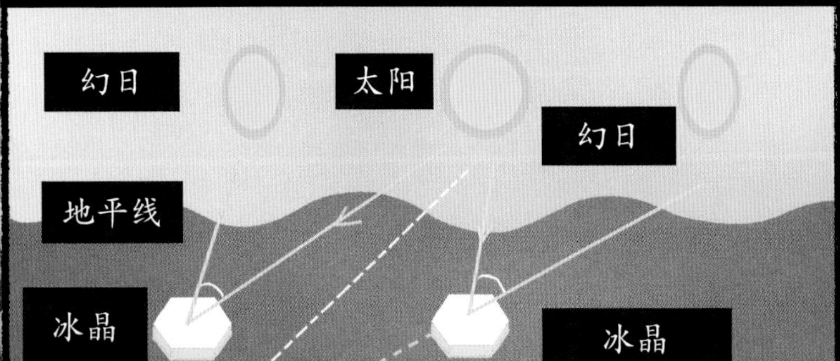

幻日　　太阳　　幻日

地平线

冰晶　　冰晶

观察者

你知道吗，除了太阳，月亮也会"分身术"——能发生"幻月"的现象，在它的两侧会形成彩色的光点。

形成幻日时，高空中的冰晶呈六角形，与地面保持平行，这样的冰晶更便于光线的折射。

幻 日

上演地点：美国，北达科他州，西奥多·罗斯福国家公园

白天，你虽然看不到光柱，但能看到冰晶的其他光学"作品"，比如"幻日"现象。太阳接近地平线时，它的一侧或者两侧会出现大光点。大光点的高度与太阳齐平，像是太阳的分身。这种神奇的"分身术"叫作"幻日"，是由高空中的冰晶像棱镜一样对光线进行折射而产生的。幻日通常会产生彩虹般的效果，把光线分成7种颜色。如果你忘记了彩虹的颜色，那你还可以看着幻日再回想起来。幻日不仅是光学爱好者的最爱，也是摄影师的宠儿。通过相机，摄影师能捕捉到幻日最令人惊叹、最奇幻的那一面。

洞中的光是怎么出现的？

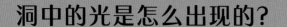

用带黏液的丝织成的"吊床"

近距离看带黏液的丝

这里的萤火虫跟我们平时讲的并不是同一种生物，而是一种外形类似蚊子的昆虫的幼虫，叫作"小真菌蚋"，它只有火柴棍那么大。

一直以来，萤火虫洞的位置只有新西兰的当地居民毛利人知道。1887年，英国的测量员弗雷德·梅斯在一位叫塔内·提诺劳的毛利人酋长的帮助下，找到了这个山洞。

萤火虫洞中的水较深，且水里有"不明生物"，所以你不要贸然下水探险。

科学家对萤火虫洞岩层进行分析，结果显示萤火虫洞竟然形成于3 000万年前！

你知道吗，萤火虫洞中的小真菌蚋在新西兰和澳大利亚都有分布。

萤火虫洞

上演地点：新西兰，怀托摩

进入萤火虫洞，抬头时，你可能会以为自己身处在一片"星空"之下。洞穴的岩石上挂满了绿色的"小灯"，在你头顶上闪烁。其实这些微微的光是由萤火虫发出的。毫无戒心的昆虫会寻着这些绿色的光点粘在萤火虫幼虫分泌的带黏液的丝上。萤火虫之所以会发光，是因为它体内一些特殊物质（如荧光素）和氧气发生了化学反应。除了萤火虫，还有一些其他生物也会发光，比如一些水母、深海鱼等。

影子头上的彩色光环叫作"宝光环"。观看宝光最理想的地方之一是正在飞行的飞机窗口，因为宝光有时会出现在飞机影子的周围。

国外的"布罗肯宝光"很著名。它的名字和德国哈茨山脉的布罗肯山有关。传说曾有一名登山者被布罗肯宝光吓得不轻，失足跌下山崖，他死后变成了"布罗肯幽灵"。但你别害怕，布罗肯宝光本身并没有传说里描述得那样惊悚。

宝光

上演地点：中国，黄山

如果你在云雾缭绕的山中行走，迎面走来一个巨人，他的头部环绕着一圈彩环，不要害怕，是你的眼睛在捉弄你。实际上，这个巨人就是你自己，更准确地说，是你的影子！此时阳光位于你的身后，在雾中投下你的影子，以至于看起来就像远处有人在移动。如果这个影子发生移动或变形，很可能是雾中的水滴在"作怪"。

雾中的水滴让光线折射、反射产生彩色光环，这和双彩虹的原理一样。

大多数人认为见到宝光是一种恩赐，预示着幸运将降临到自己的身上。下次登山时，你期待看见宝光吗？

宝光是怎么出现的？

云雾

太阳

站在山上的人

影子

Glow in the Dark: Nature's Light Spectacular © 2020 Quarto Publishing plc.
Illustrations by Cornelia Li. Written by Katy Flint.
Natural history consultation by Barbara Taylor.
First Published in 2020 by Wide Eyed Editions, an imprint of The Quarto Group.

图书在版编目（CIP）数据

看！光的神奇魔法 / （英）凯蒂·弗林特文 ；（加）
科妮莉亚·李图 ；丁将译. -- 兰州 ：甘肃少年儿童出
版社，2021.8
　ISBN 978-7-5422-6217-2

　Ⅰ．①看… Ⅱ．①凯… ②科… ③丁… Ⅲ．①光学—
青少年读物 Ⅳ．①O43-49

中国版本图书馆CIP数据核字(2021)第101223号

甘肃省版权局著作权合同登记号：甘字 26-2021-0008号

看！光的神奇魔法 KAN！GUANG DE SHENQI MOFA

[英]凯蒂·弗林特 文　[加]科妮莉亚·李 图　丁将 译

图书策划 孙肇志		**责任编辑** 王泽鸿	
策划编辑 杨　明		**特约编辑** 刘　畅	
美术编辑 张　延		**封面设计** 杨晓庆	

出版发行 甘肃少年儿童出版社
地址 兰州市读者大道568号
印刷 鹤山雅图仕印刷有限公司
开本 889mm×1194mm 1/12 **印张** 2.5
版次 2021年8月第1版
印次 2021年8月第1次印刷
书号 ISBN 978-7-5422-6217-2
定价 88.00元

出品策划 荣信教育文化产业发展股份有限公司
网址 www.lelequ.com　**电话** 400-848-8788